U0103585

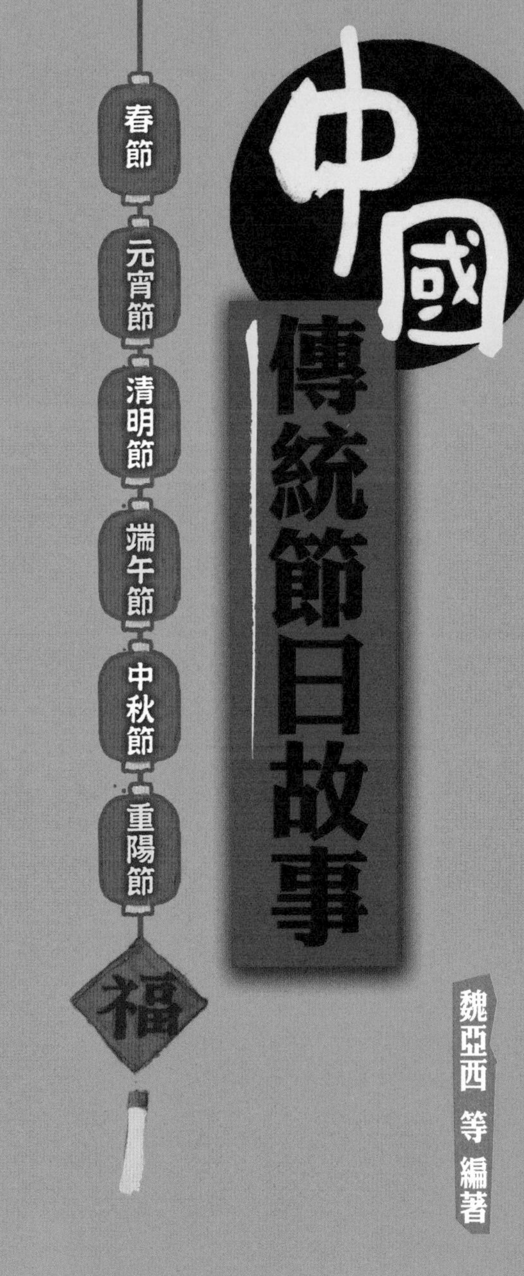

中國傳統節日故事

魏亞西 等 編著

中國傳統節日故事

編　　著：鄭勤硯
編　　著：魏亞西、薛彬、草草
繪　　畫：朱世芳、王祖民、草草、劉振君、屈明月、高蓓
責任編輯：甄艷慈、黃婉冰
美術設計：李成宇
出　　版：新雅文化事業有限公司
香港英皇道 499 號北角工業大廈 18 樓
電話：（852）2138 7998
傳真：（852）2597 4003
網址：http://www.sunya.com.hk
電郵：marketing@sunya.com.hk
發　　行：香港聯合書刊物流有限公司
香港荃灣德士古道 220-248 號荃灣工業中心 16 樓
電話：（852）2150 2100
傳真：（852）2407 3062
電郵：info@suplogistics.com.hk
印　　刷：中華商務彩色印刷有限公司
香港新界大埔汀麗路 36 號
版　　次：二〇一六年三月初版
二〇二四年九月第九次印刷

本書的中文繁體版本由北京時代聯合圖書有限公司授權發行

ISBN: 978-962-08-6475-9

18/F, North Point Industrial Building, 499 King's Road, Hong Kong
Published in Hong Kong SAR, China
Printed in China

認識我們的傳統節日和習俗

中國文化源遠流長，一年中的不同節日，各自有特別的意義。這些節日的來源，有不少來自神話或民間傳說，十分有趣。而節日中的傳統習俗，體現了中國優良的文化傳統。

本書選取當中最具代表性的六個節日，通過繪本和文字向小朋友作重點介紹，包括：

- **萬象更新，到處都喜氣洋洋的春節**
- **觀賞彩燈、吃「年宵」的元宵節**
- **追思親人、敬拜先祖的清明節**
- **賽龍舟、紀念愛國詩人的端午節**
- **與親人團圓、賞月共聚的中秋節**
- **登高避禍、飲酒賞菊的重陽節**

為了加深小朋友對節日的認識，每個傳統節日故事之後，均設置「習俗趣說」的欄目，介紹在這些節日中，人們會進行的傳統活動。中國地方廣大，同一個節日，不同地方的人們慶祝的方法也有分別，現挑選當中富代表性，值得小朋友學習及認識的習俗，同時特別補充一些富香港特色的習俗，以配合小朋友日常生活的實際認知。

通過這個繪本，小朋友能夠認識中國的傳統節日、了解節日的來源，又能知道更多地道的節日習俗，一舉數得。小朋友，快來進入這個傳統節日的學習之旅吧！

目錄

中國傳統節日故事

春節

薛彬　編著
朱世芳　繪畫

傳說，中國古時候有一種怪獸，牠的嘴巴大大的，頭上長着堅硬的角，一雙能在夜裏發光的眼睛又大又亮。牠長年居住在海底。

怪獸非常兇猛，經常上岸吞食牲畜、傷害百姓。老百姓的生活被弄得雞犬不寧。

　　這件事被上報到玉皇大帝那兒，玉皇大帝就下達諭旨，派天兵天將捉拿怪獸。

　　可是這頭怪獸實在是太厲害了，天兵天將都打不過牠。

玉皇大帝發怒了，把最厲害的天將都派下去，並下令讓太上老君和托塔李天王隨軍前往。

怪獸根本不怕勇猛的天將，但是牠一看到托塔李天王，轉頭就跑。

太上老君心想：這怪獸是不是怕李天王手裏的寶塔呢？

這天怪獸又出來作惡了，太上老君便向李天王借來寶塔，與怪獸對決，但怪獸一點兒也不害怕。太上老君穿上了李天王的大紅袍上陣，沒想到怪獸嚇得頭也不回地逃跑了。

太上老君明白了：怪獸怕紅色！於是，他命令天兵天將們都穿上紅袍追趕怪獸，最後在海邊捉住了牠。

玉皇大帝下令把怪獸交給太上老君好好管教，每三百六十五天才能放牠出去一次。太上老君給牠起名叫「年」。

可是「年」並不知道悔改，每當牠回到人間的時候，還是會吞食牲畜、傷害人命。

因此，每到「年」回人間的這天，各村寨的人們都會扶老攜幼逃往深山，躲避「年」的傷害。

這一年，又快到「年」要回人間的時候了。

桃花村的人們知道「年」要來，都忙着上山避難。這時，從村外來了一位乞討的老公公，他手拄拐杖，銀白的鬍鬚飄飄揚揚，眼睛像明亮的星星。

鄉親們有的封窗鎖門，有的收拾行裝，有的牽牛趕羊……到處人喊馬嘶，一片匆忙恐慌的景象。沒有人顧得上去關照這位乞討的老公公。

村東頭有一位好心的老婆婆，她給了老公公一些東西吃，還勸他快上山躲避「年」。

可是老公公一點也不在乎，他捋了捋鬍鬚，笑着說：「老婆婆，如果能讓我在您家待上一夜，我一定可以把『年』趕走。」

老婆婆很吃驚，她仔細看了看老公公，只見他鶴髮童顏、氣宇不凡。可是她還是不相信老公公有那麼大的本事，堅持勸老公公上山躲避。

老公公微笑着搖搖頭，還是不肯走，老婆婆沒有辦法，只好獨自上山避難去了。

到了半夜，「年」闖進村子。

牠發現村裏有點怪怪的，和往年的感覺不太一樣：村東頭老婆婆家，門上貼着大紅紙，屋內亮着蠟燭，到處都是光亮。

「年」很生氣，牠抖了抖身子，「哇嗚」、「哇嗚」地狂叫着撲向屋子。

快到門口時，院子裏突然傳來巨大的「噼哩啪啦」的爆炸聲，「年」嚇得渾身發抖，再也不敢向前靠近了。

這時，老婆婆家的門開了，只見那位身披紅袍的老公公在哈哈大笑。

「年」大驚失色，原來，這位老公公就是太上老君！「年」不敢再胡鬧，乖乖地跟着他走了。

第二天，避難回來的人們見村裏的牛羊雞鴨都平安無事，覺得很奇怪。這時，老婆婆向鄉親們講起了那位乞討的老公公。

大家一齊擁向老婆婆的家，只見老婆婆家的門上貼着紅紙，院子裏有一堆還沒燃盡的鞭炮，仍然在「噼哩啪啦」地炸響，屋內的幾根紅蠟燭還發着餘光。

於是，人們知道了驅趕「年」的辦法。

這件事很快傳開了，大家都非常高興，紛紛換上新衣、戴上新帽，到親友家道喜問好，互祝吉祥。

從此，每到「年」來的前一天，家家户户都會貼上紅對聯、放鞭炮、全家團聚在一起吃年夜飯、通宵守夜，等着辭舊迎新的時刻。這一天被稱為「除夕」。第二天

也就是大年初一，人們還會走親訪友，互相道喜問好。

　　這種風俗越傳越廣，現在已成為中國民間最隆重的傳統節日——春節（即農曆新年）。

習俗趣說

年夜飯、壓歲錢

除夕的晚上，家人團聚在一起吃年夜飯。在北方，家家戶戶會包餃子，送舊迎新，期望新的一年大家都吉祥如意。長輩會事先準備壓歲錢給晚輩，據說壓歲錢可壓住邪祟，因為「歲」與「祟」諧音，得到壓歲錢就可以平平安安度過一歲。在香港、廣東等地，「壓歲錢」又稱「利是」，象徵吉利的意思。

為什麼要倒貼「福」字？

每逢春節，家家戶戶喜歡在大門或牆壁貼上揮春，為節日增添氣氛。傳統的揮春有「出入平安」、「龍馬精神」等，近年也有很多有趣創新及立體的揮春，如「貓肥屋潤」、「宇宙最強」等。此外，有人喜歡貼「福」字，因為希望新的一年幸福美滿。貼「福」字時有的人喜歡把「福」字倒過來貼，因為「倒」與「到」諧音，這樣就表示「幸福已到」、「福氣已到」了。

拜年

拜年多在農曆年初一及初二進行，人們穿上漂亮的衣服，出門探訪親友，祝福大家在新的一年大吉大利、事事如意。拜年時一般都帶備禮物。近年拜年已逐漸簡化，有人會到外地旅遊以「避年」，即避開拜年及派利市等活動。

除了親自拜年，現在科技進步，人們利用電話的社交平台，如Facebook、Wechat、電腦等發送電子訊息向親友拜年。這種拜年方法只需幾秒的時間，不論是文字，還是照片，都能夠傳送至不同的國家和地區，是新興的拜年方式。

中國傳統節日故事

元宵節

魏亞西　編著
王祖民　繪畫

福
客栈
馬五味齋樓
百菓藥堂

小朋友，每到正月十五元宵節，有些地方家家戶戶都會提上燈籠，高高興興地去逛燈會。燈會上漂亮的燈籠一盞又一盞，遠遠看去燦爛輝煌，漂亮極了！你知道正月十五掛花燈的習俗是怎麼來的嗎？這裏面有一個很有意思的故事呢！

很久很久以前，天地剛剛開闢的時候，在廣闊的大地上，除了生活着人類，還生活着很多上古時代的兇禽猛獸。

這些猛獸長得怪模怪樣，脾氣又壞。牠們在大地上到處亂闖，傷害人和牲畜。

人們只好自發地組織起來，去消滅這些猛獸。

人們殺掉了許多猛獸，世界慢慢地平靜下來了，大家都很高興。

可是，在這期間卻出了一件大事，差點兒給人們帶來巨大的災難！

原來，有一天人們又一起去打猛獸，一位獵人看到一隻巨大的鳥兒向他們飛來，趕緊拉弓射出了長箭。

大鳥哀鳴一聲，一頭栽落下來。大家圍上去看，真是好漂亮的一隻大鳥！大鳥形體優美，羽毛鮮豔奪目，閃着五彩的光芒。

真可惜，這麼漂亮的一隻鳥被射死了！大家議論紛紛，最後各自回家去了。

誰知道，這隻鳥兒是天上的神鳥。牠偷偷溜出來玩，因為迷路才在天空盤旋，沒想到剛好遇上了獵人。

天帝知道了這件事，非常生氣——那是他非常喜歡的一隻鳥，人間的凡人居然如此大膽，竟敢射死天帝的神鳥！

天帝越想越生氣，就召集天兵天將，命令他們正月十五的時候到人間去放火，把人間的人畜、財產通通燒光。

天帝的小女兒心地善良，她不忍心看見無辜的百姓受難，趕緊向天帝求情。

可是天帝說什麼都不答應。這可怎麼辦？小公主想了又想，最後，她冒着生命危險，偷偷駕着祥雲來到人間，把這個消息告訴了人們。

大家聽說了這個消息，都嚇得呆住了，不知道該怎麼辦才好。

大家聚在一起商量辦法，一個個都愁眉苦臉的。

過了很久，終於有位老人家想出了辦法，他說：「天帝要讓天兵天將來燒我們，不如我們自己先燒起來！」

大家都着急了，嚷嚷起來：「那怎麼行！」

老人家笑着說：「我的意思是，讓天帝以為我們人間着火了，這樣就不會派人來放火了。還有啊，我們從正月十四就開始『放火』，一直到正月十六那天。這樣天帝就不會再派人來了。」

聽老人這麼一說，大家都高興起來。「對啊，是個好主意！」

「可是，我們真的要把自己的家燒了嗎？」

老人說：「當然不用，我們只要做好多好多的鞭炮、煙火、燈籠，等到正月十四、十五、十六這三天，每戶人家都點響鞭炮、燃放煙火、張燈結綵。」

「這麼一來，大地上到處都是紅通通的一片，又有煙火冒起，天帝遠遠地一看，肯定會以為人間着大火了！」

「對對對！說得對！」大家紛紛點頭，趕緊回家分頭準備去了。

正月十四這天晚上，人間響聲震天。天帝好奇地往下一看，哇，人間一片紅光！連續三天都是這樣。

天帝以為這些都是大火燃燒的火焰，心裏可痛快了，也就不再追究神鳥的事了。

大家的生命和財產保住了。人們為了慶祝這次轉危為安，特意做了一種叫元宵（即湯圓）的食品，象徵全家人團團圓圓，和睦幸福。

從這以後，每到正月十五，家家户户都掛燈籠、放煙花、吃元宵，合家團聚在一起，紀念人們用智慧戰勝天帝的這個日子！

習俗趣說

元宵節，吃元宵

人們在元宵節一般都會吃元宵。它的外皮是用糯米做成的，有很多種口味，片糖、豆沙及芝麻等都可以作餡料。元宵外形圓圓的，象徵團圓和圓滿。在香港、廣東等地區，元宵這種食品，人們稱它為「湯圓」。

綵燈晚會

相傳漢明帝信佛，聽從大臣建議，在正月十五晚上，在宮內「燃燈表佛」，百姓也紛紛點燈供奉佛祖，開始了元宵節點燈的習俗。唐朝時元宵賞燈十分興盛，京城和鄉鎮張掛彩燈，還製作巨大的燈輪、燈樹、燈柱等，款式多樣，逛燈市成為大家的娛樂活動。

現在的綵燈會雖然不像以前那樣盛大，但香港仍有不少地方，在元宵節前後放置具特色的彩燈供人欣賞。晚飯後，大家一起參加彩燈晚會，觀賞花燈、猜燈謎，度過一個開心的晚上。

中國傳統節日故事

清明節

草草　編著
草草　繪畫

在春秋時期，晉國的國君晉獻公在一次討伐驪戎㊟的戰爭中，得到了一個叫驪姬的美人。

晉獻公很喜歡驪姬，封她做妃子，對她千依百順。

㊟ 驪戎：驪，粵音離。古代的一個民族。

驪姬生了一個孩子叫奚齊。她想讓自己的兒子將來繼承王位。可是，晉獻公已經有好幾個兒子了，尤其是老大申生和老二重耳，非常聰慧能幹，奚齊根本比不上他們，怎麼辦呢？

狡猾的驪姬想出了一個壞主意。她準備了一壺毒酒和一塊毒肉，讓太子申生給晉獻公送去，並且偷偷告訴晉獻公，這些酒肉是老二重耳和老三夷吾做的。

驪姬又讓一隻小狗和一個小太監吃了那些酒肉，小狗和小太監都被當場毒死了。

晉獻公相信了驪姬的話，非常生氣！他立刻派士兵去捉拿自己的三個兒子。

申生為了證明自己是清白的，就自殺了。而重耳和夷吾則逃出了自己的國家。

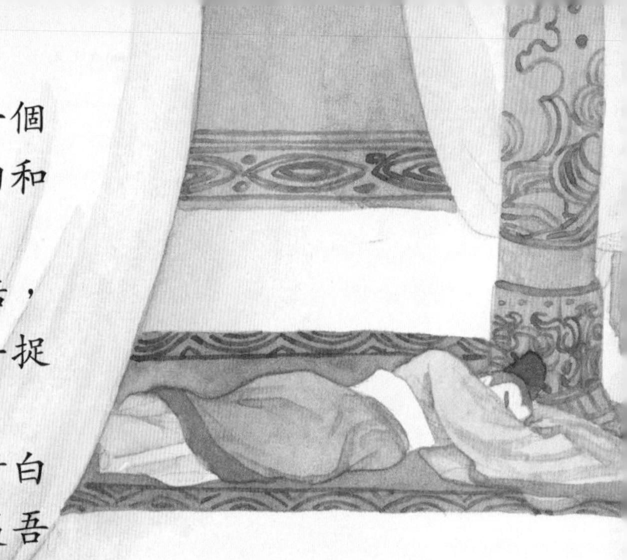

沒過幾年，晉獻公就去世了。大臣們沒有忘記驪姬做過的壞事，於是來找她算賬！他們殺死了驪姬和她的兒子奚齊。

後來，大臣們找到了夷吾，請他登上了王位。可是當了國王的夷吾心裏總覺得不安，他怕重耳會回來跟他爭奪王位，於是派人去刺殺重耳。

重耳只好帶着隨從，再次踏上了流亡之路。他們走啊，走啊，從一個國家，到另一個國家……

有些國家的國君很客氣地招待他們，還送給他們糧食和財物；而有些國家的君主卻毫不客氣地把他們趕走。

在衛國，重耳和他的隨從們更遇到了大麻煩——他的行李被人偷走了！這下，他們沒有錢，又沒有糧食，只能挖野菜來填填肚子。

沒過幾天，重耳就餓得昏倒了。他身邊的一個隨從介子推很難過，就冒着生命危險，想盡辦法弄了一點肉湯給重耳喝。

重耳實在是餓極了，狼吞虎嚥地把肉湯喝光了。喝完了他才問道：「我們已經斷糧好幾天了，這肉湯是哪兒來的？」

　　這時，他才知道介子推為了這碗肉湯受了重傷，還差點兒失去了性命。

重耳非常感動，他流着淚對介子推説：「我怎麼才能報答你的救命之恩呢？」

介子推説：「我不要任何報答，只願您以後能做一位賢明的君主。」

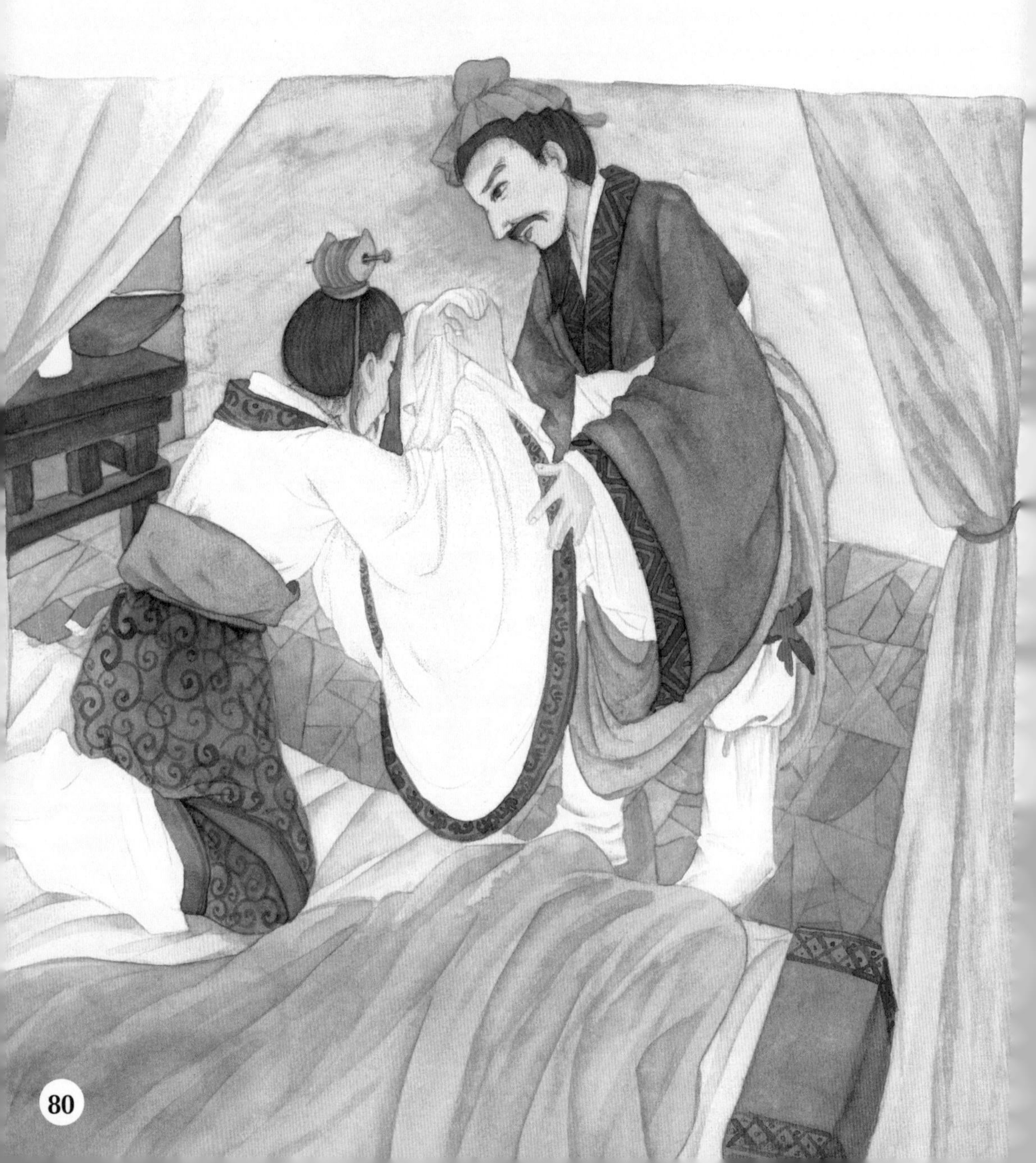

一轉眼，十九年過去了。在這期間，晉國又換了幾任君主。

可是，他們一個比一個壞，老百姓的日子過得很艱苦，大家都盼着重耳能趕快回來。

終於有一天，秦國派了三千名甲士護送重耳回國了！老百姓和許多正直的大臣都擁護他。重耳當上了國王，他就是歷史上著名的晉文公。

晉文公一登上王位，就忙着改革朝政，他想讓老百姓都過上好日子。忙了好一陣子，晉文公才想起封賞那些追隨他的大臣們。他封賞了許多大臣，卻忘了封賞介子推。

原來他們回國之後，介子推就背着母親，到綿山隱居去了。他不想要任何的獎賞，只想回家侍奉母親，過平淡的日子。

後來，有大臣在晉文公面前提起介子推。晉文公覺得特別慚愧，趕緊帶着很多大臣和士兵到綿山去找介子推。

可是，綿山太大了，山高林密，路也特別不好走。士兵們搜尋了很久，也沒有找到介子推。

有人出了個主意：不如放火燒山，這樣介子推肯定得出來。於是，晉文公就讓大家點火燒山，在山的三面都點火，只留一面沒有點燃。

大火燒了三天三夜，還是不見介子推出來。等大火熄滅後，他們上山一看，介子推母子已經死了，旁邊還有一棵燒焦的大柳樹。

晉文公後悔極了，他痛哭起來，命人把介子推母子安葬在那棵燒焦的大柳樹下。

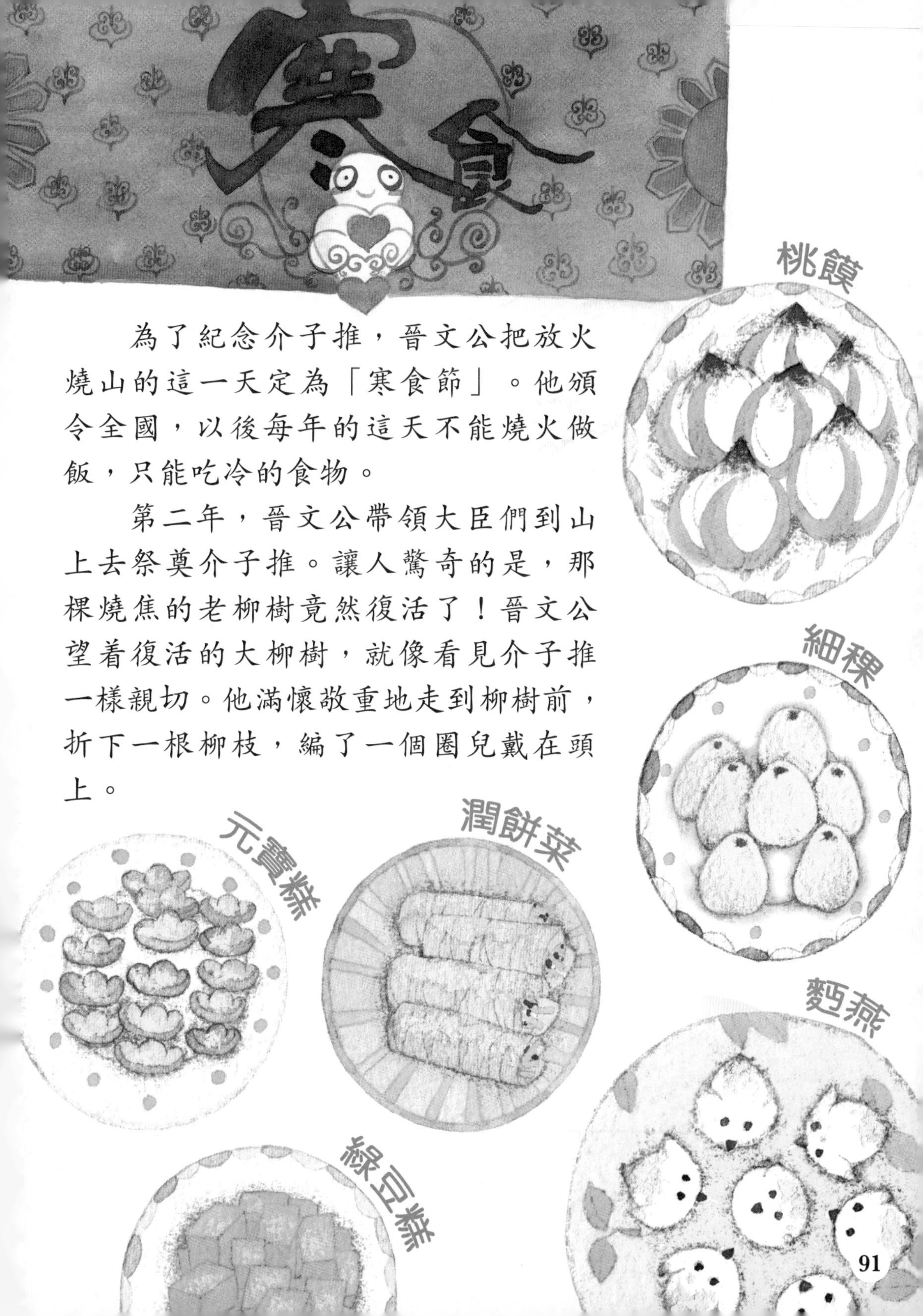

為了紀念介子推，晉文公把放火燒山的這一天定為「寒食節」。他頒令全國，以後每年的這天不能燒火做飯，只能吃冷的食物。

第二年，晉文公帶領大臣們到山上去祭奠介子推。讓人驚奇的是，那棵燒焦的老柳樹竟然復活了！晉文公望着復活的大柳樹，就像看見介子推一樣親切。他滿懷敬重地走到柳樹前，折下一根柳枝，編了一個圈兒戴在頭上。

從此以後，每到這一天，人們就把柳枝編成圈兒戴在頭上，或者把柳枝插在房前屋後，這一天被定為清明節。

因為寒食節就在清明節的前一兩天，慢慢地人們就把這兩個節日合起來過了。每到清明，人們就會帶上冷食、果酒，去祭拜、懷念去世的祖先。這個習俗一直流傳至今。

習俗趣說

掃墓要注意些什麼？

拜祭祖先是中國人的傳統習俗。以前孝子賢孫在清明節拜祭先人，會有「掛紙」的儀式——先將生長在祖先墳墓上的野草用鐮刀清除，再用小石頭將墓紙壓在墳上，表示這個墳是有後人的，以免被人誤以為是無主孤墳而加以破壞。如果墓碑上的字體模糊不清，就重新描寫以令它煥然一新。

現代人掃墓方式較以前簡化，但一般都會清除雜草，然後供奉酒水、鮮花及食物果品等，子孫們上香鞠躬，禮節雖然簡單，但仍表達了對先人的懷念和敬意。

插柳

清明節是楊柳發芽的時間，民間有插柳的習俗。相傳是為了紀念介子推。當年介子推死在柳樹下，晉文公很痛心，就折下柳條戴在頭上，以表示懷念，後人加以模仿，成為在清明插柳的習俗。民間有「清明不戴柳，死後變黃狗」的說法，可見清明折柳、插柳，在以前十分普遍。相傳柳枝具有辟邪的作用，所以清明插柳，除了表示追思，也有祈福辟邪之意。

中國傳統節日故事

端午節

魏亞西　編著
劉振君　繪畫

在很久很久以前的戰國時代，有很多國家。其中有兩個最大、最強盛的，一個是楚國，一個是秦國。

這兩個國家，誰也不服誰。他們不停地打仗，都想把對方打敗了，自己做天下的霸主。

屈原是楚國的一個大臣，做着「大夫」(注)的官職，他很有才華。

為了幫助楚國強大起來，屈原出了不少好主意。

(注)大夫：古代一種官職。

可是有一些思想守舊的大臣，總是在楚國的大王——楚懷王面前說屈原的壞話。楚懷王慢慢疏遠了屈原。

屈原很難過，寫了不少充滿憂愁、憤怒的詩篇。

有一年，秦國又來攻打楚國了。秦軍勢如破竹，一下子攻佔了楚國八座城池。

楚懷王嚇得不知道怎麼辦才好。正在這時，秦國派使者來議和了。

秦國的使者說：「我們大王說，我們兩個國家可以做朋友。現在我們停戰不打了，請大王您到我們國家來做客，我們好好談談條件吧！」楚懷王聽了很高興。

屈原聽說了這件事後，他覺得事情沒有那麼簡單，這可能是秦國的陰謀，想把楚懷王騙過去。

屈原趕緊進宮，對楚懷王說：「您千萬不能去秦國啊！」

可是楚懷王被秦國使者說的話迷住了，他怎麼也不相信屈原的話，還生氣地把屈原趕出了國都。

屈原開始了漫長的流浪。因為擔心國家的命運，他在路途中寫了很多充滿愛國情懷的感人詩篇。

楚懷王那邊怎麼樣了呢？他按照約定去了秦國，可沒想到，他一到秦國就被囚禁起來。

楚懷王後悔得不得了，心裏又氣又恨，不久便病倒了。

三年後，楚懷王死在了秦國。他一直到死，也沒能再回到楚國的土地上。

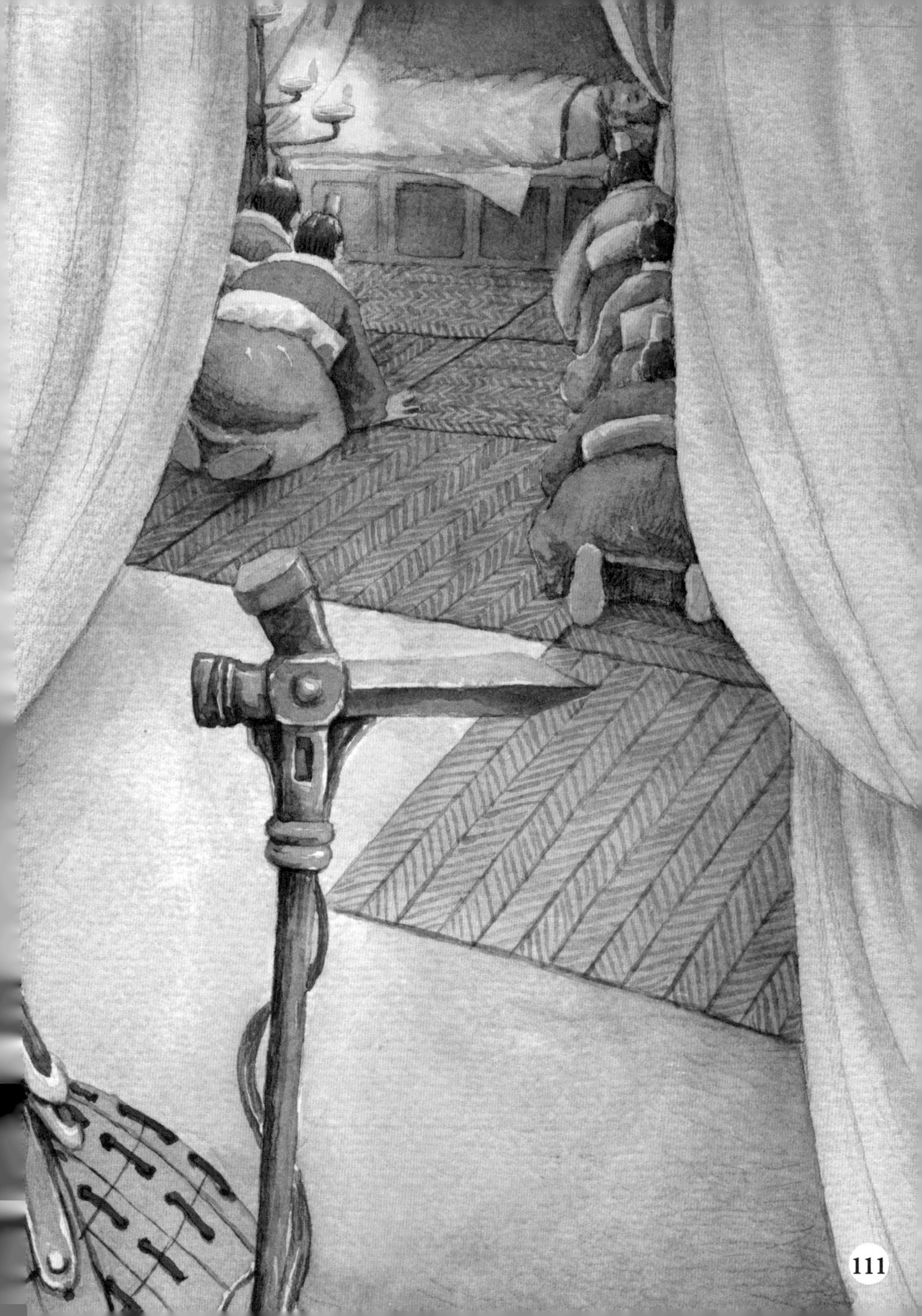

楚國的新國君剛剛當上國王沒多久，秦王又開始派兵攻打楚國。

秦國的軍隊太厲害了，楚王嚇得帶着隨從逃跑了。秦軍攻佔了楚國的國都。

楚

屈原在流浪的路途中，接連聽到楚懷王去世和楚國國都被秦軍攻破的壞消息，他傷心極了。

最後，他仰天長歎一聲，縱身跳進了滾滾的汨羅江。

「路漫漫其修遠兮，吾將上下而求索」，他的詩篇《離騷》，成為了千古絕唱！

在江上打魚的漁夫和住在江兩岸的百姓，聽説屈原投江的消息後，都很難過。

他們紛紛撐着小船，一邊呼喊，一邊在水裏打撈、尋找，想在江水裏找到屈原。

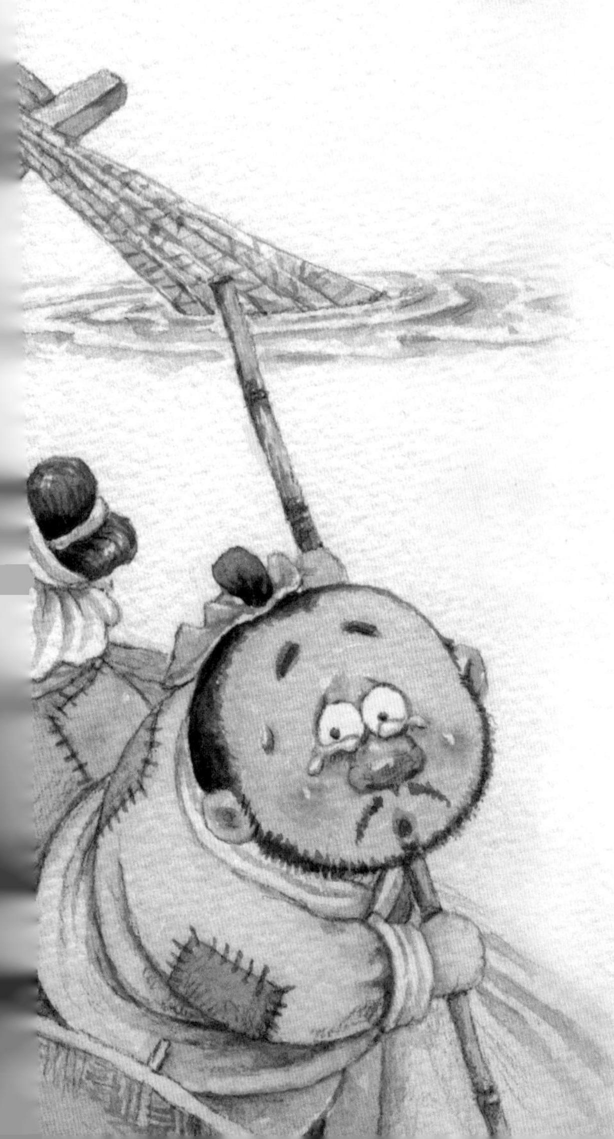

　　很多百姓還拿來了糉子、雞蛋扔進江中。

　　他們對江裏的魚說：「魚啊，魚啊，你們吃這個吧，千萬不要傷害屈大夫的身體呀！」

有些百姓還想到，江裏有沒有蛟龍呢？牠們會不會傷害屈大夫的身體？有什麼辦法對付牠們呢？對了，用雄黃酒把牠們迷昏過去！

於是，大家抬來一罎罎雄黃酒，倒入江中。

大家最終還是沒有找到屈原，人們眼含熱淚，注視着滾滾而去的江水……

屈原死了，可是楚國的人民都把他記在心裏。從那以後，每年的五月初五——也就是屈原投江的那一天，人們就會到江上划龍舟、投糉子，紀念這位偉大的愛國詩人。

端午節的風俗就這樣流傳了下來。直到今天，我們在端午節這一天，仍然會包糉子、煮雞蛋、賽龍舟呢！

習俗趣說

百姓為什麼把糉子投入江中？

糉子是端午節的必備食物。相傳為了不讓江中的魚傷害屈原的身體，百姓紛紛把糉子投入江中，後來演變成傳統的習俗。以前的人多會自己在家包糉子，現在店鋪都有做好的糉子供市民購買，糉子的餡料包括豆沙、鮮肉及蛋黃等。

賽龍舟

這是端午節的重要活動。傳說屈原投江後，許多人都划着船想救他，卻一直找不到他。後來人們就在端午節賽龍舟來紀念他。

香港的大澳，每年端午節都會舉辦「龍舟遊神」的活動。載有神像的小艇，在大澳棚屋間的水道巡遊，棚屋居民會焚香拜祭。這項富宗教色彩的端午節祭祀活動，已傳承超過 100 年。2011 年，更被列入第三批國家級非物質文化遺產名錄。

端午節前後，香港多個沿海地區都有龍舟競渡活動。近年更因為舉辦國際龍舟邀請賽，發展為國際化的體育運動，賽事更具觀賞趣味，吸引大批市民和旅客前往觀看。

中國傳統節日故事

中秋節

魏亞西　編著
屈明月　繪畫

每到中秋節，月亮又圓又大，高高地掛在天上。人們賞月、拜月、吃水果、吃月餅……

細細地看，月亮裏有深深淺淺的陰影，有些像宮殿，有些像大樹……人們都說，那裏住着嫦娥姐姐呢！小朋友你知道這個傳說是怎麼來的嗎？讓我來告訴你吧！

傳說，古時候，有一個名叫后羿的英雄，他是一個神射手。

有一年，天空出現了十個太陽。這十個太陽都是天帝的兒子，本來，他們是輪流在天上值班的，可是日子久了，他們就覺得有點無聊。

於是有一天，他們興高采烈地一起擁到天空上。

這下可糟了！十個太陽掛在天空，就像十個大火團，把大地烤得滾燙。森林裏因此起了大火，燒死了許許多多的人和動物。

人們都向天空禱告，祈求太陽們趕緊下去——這個世界只要一個太陽就夠了！

十個太陽聽到了人們的請求，可是他們理也不理。

日子長了，河流乾涸，莊稼、大樹、小草都枯萎了，人們都活不下去了！

后羿看到大家受苦，心裏非常焦急。他背上長弓，邁開大步，朝着太陽升起的東海走去。

后羿爬過了九十九座高山，邁過了九十九條大河，終於來到了東海邊。

他登上一座大山，拉開弓弩，搭上千斤重的利箭，瞄準天上火辣辣的太陽，「嗖」的一箭射去。「刷」，一個太陽被射落了。

后羿一支接一支地把箭射向太陽，一連射掉了九個。最後一個太陽嚇得趕緊求饒，他向后羿保證，每天都會按時升起、落下，后羿這才罷手。

如今天空中只剩下一個太陽，人間終於恢復正常了。

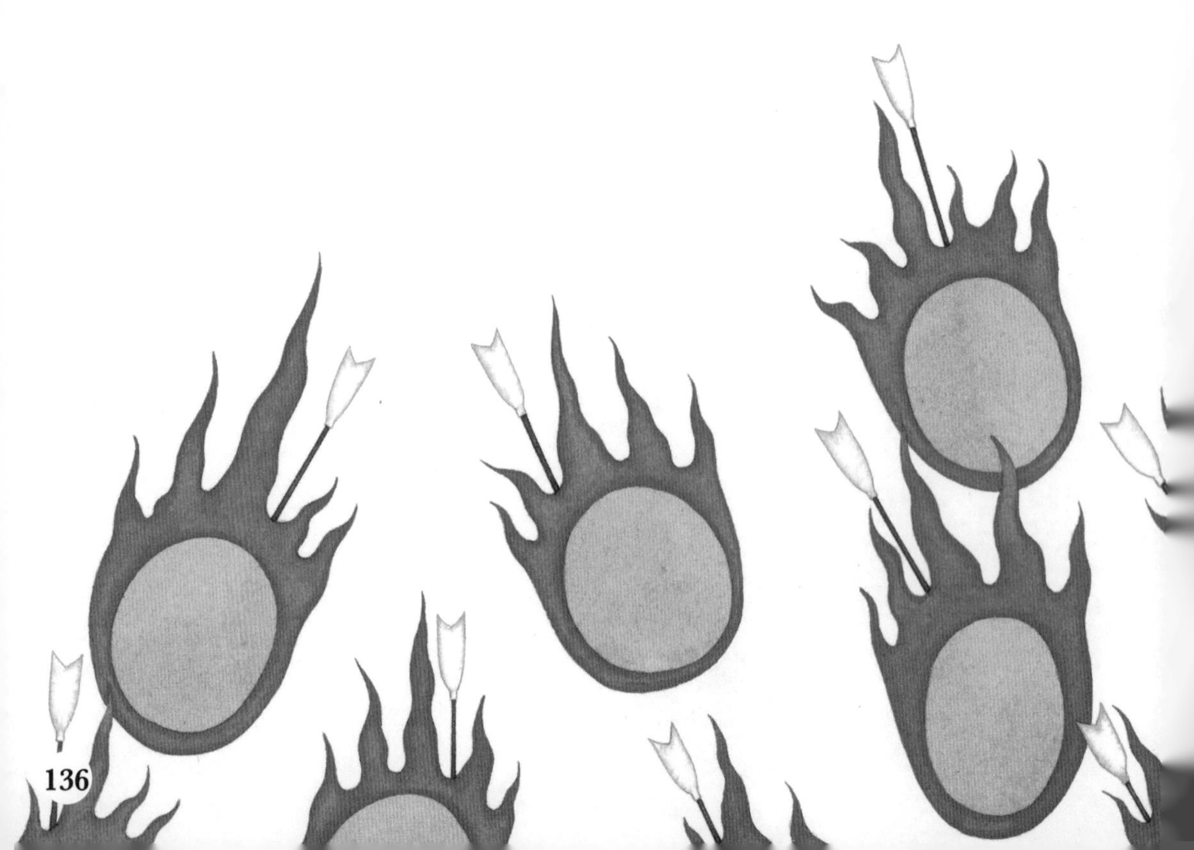

后羿因此受到了百姓的尊敬和愛戴，還娶了個美麗善良的妻子，名叫嫦娥。

很多人聽説了后羿的事跡，都來拜他為師，向他學本領。有個叫逢蒙的壞心眼的傢伙也混了進來。

一天，后羿到崑崙山去拜訪朋友，遇到了西王母，就向她求來一包長生不老藥。據説吃了這藥能升天成仙呢！

可是藥只有一包，后羿捨不得撇下嫦娥自己成仙，就暫時把長生不老藥交給嫦娥收藏。沒想到，這件事被逢蒙知道了！他打起了壞主意，想偷吃長生不老藥。

過了幾天，后羿帶着徒弟們外出去打獵，逢蒙假裝生病，留了下來。

　　后羿剛走，逄蒙就拿着刀闖進后羿的家，他惡狠狠地對嫦娥說：「快把長生不老藥拿出來！」

嫦娥又急又怕，怎麼辦呢？一眨眼，她想到了一個主意，轉身拿出長生不老藥，一口吞了下去。

嫦娥一吞下藥，身子立刻變得輕飄飄的，向天上飛去，一直飛到了月亮上。

晚上，后羿回到家後，知道了這件事，他憤怒地拿着劍去找逢蒙，可是這個壞蛋早就逃走了。

后羿非常傷心，他走到屋外，在夜空中尋找着嫦娥的身影。

找啊，找啊，哪裏都不見嫦娥，只有一輪圓圓的月亮掛在空中……咦，月亮裏有個晃動的影子——好像就是嫦娥！

后羿拚命地朝月亮追去，可是他走一步，月亮也走一步，不管怎麼追也追不上。

沒辦法，后羿只好在桌子上放上嫦娥平時最愛吃的一種又圓又甜的餅子，還有新鮮的水果，向着月亮祈禱，希望月亮裏的嫦娥能看到。

百姓們聽說嫦娥到了月亮上，成了仙，也都紛紛在月亮下擺上一桌子的瓜果、糕餅，向善良的嫦娥祈求吉祥、平安。

從那以後，中秋節拜月的
風俗就一直流傳到今天！

習俗趣說

吃月餅有什麼寓意？

月餅圓圓的，像天上的月亮一樣，象徵着團圓，它是中秋節的必備食品。除傳統的蛋黃、蓮蓉等月餅外，香港還有世界首創的冰皮月餅，它那冰涼清爽的口感很受香港人歡迎。除了月餅外，楊桃、柚子和芋頭等，都是中秋的應節食品。

賞月

中秋節期間，香港到處都會舉辦不同的綵燈會，多姿多彩的綵燈裝飾，增添節日氣氛。其中以維多利亞公園的綵燈會規模最大，包括綵燈展覽、傳統技藝表演及燈謎競猜等，讓市民歡聚，同慶佳節。

玩燈籠

中秋節晚上，小朋友都喜愛玩燈籠。燈籠的種類很多，有用果皮做的柚子燈，也有用紙和竹子做的紙製燈籠。近年人們更着重安全和環保，需以蠟燭點燃的紙製燈籠很多已被取代，改用以燈泡作為光源的塑膠燈籠。

舞火龍

每年農曆八月十四至十六日，一連三天，港島銅鑼灣的大坑都會舉行舞火龍活動。相傳很久以前的一個中秋節，大坑村出現嚴重疫症，村民就在中秋節晚上一起舞火龍，果然大家都康復了，從此中秋節舞火龍就成為大坑的習俗，2011 年更被列為第三批國家級非物質文化遺產。

中國傳統節日故事

重陽節

魏亞西　編著
高蓓　　繪畫

很久很久以前，在汝河岸邊的一個小村子裏，住着一個叫桓景的男孩。他每天和父母一起在田地裏勤勤懇懇地工作，過着快樂的日子。

這一年，汝河兩岸突然蔓延着瘟疫，死了很多人。桓景一家人也不幸染上了，他的父母都死了，只有桓景活了下來。

桓景病好以後，才知道這次瘟疫是瘟魔鬧出來的。這個壞妖怪住在汝河裏，他走到哪兒就會把瘟疫帶到哪兒。

桓景氣憤極了。他下決心要把這個可惡的瘟魔除掉，讓鄉親們不再受害。

想要除魔，就得先學本領！桓景聽説東南方的大山裏住着一位神仙爺爺，能降妖除魔，本事可大了，就決定去找他拜師學藝。

桓景帶着一袋乾糧上路了。他一路走，一路打聽，翻過了一座又一座山，趟過了一條又一條河，可就是找不着神仙爺爺的蹤跡。

這天，桓景又在途中停下來問路，一個老公公告訴他：「孩子，你跨過這條河，翻過那羣山，就能找到仙人的住處了。那裏開滿了菊花，真是人間仙境啊！」

桓景聽後，覺得自己渾身又充滿了力氣。他高興地謝過了老公公，繼續向前走。

桓景走了三天三夜，終於來到一個開滿菊花的山谷裏。

在一座大房子的門口，一位白鬍子老人家正笑瞇瞇地看着他。原來，那個幫他指路的老公公就是神仙爺爺呀！

神仙爺爺很喜歡桓景這個善良勇敢的孩子。於是他收了桓景做弟子，送給桓景一把降妖青龍劍，還教給他降妖的劍術。

為了能早點學好本領下山除害，桓景刻苦地練習。他每天天未亮就起來練劍，練得大汗淋漓，擦乾汗水，再練；劃傷、扭傷了，包紮一下，再練；渾身痠痛難忍，仍然咬牙堅持着，繼續練！

練呀，練呀……一轉眼，一年的時間過去了，桓景練出了一身好武藝。

　　這天早晨，桓景正在練劍，神仙爺爺走過來對他說：「景兒，你來這兒的時間也不短了，我算了一下，今年農曆的九月初九，瘟魔又要出來害人了。你的本領已經學成，趕緊回去救人吧。」

神仙爺爺一邊叮囑着桓景，一邊遞給他一把茱萸㊟葉和一瓶菊花酒。然後招來一隻仙鶴，讓桓景騎在仙鶴背上回家去。

㊟ 茱萸：茱萸，粵音朱如。一種常綠帶香的植物，具有殺蟲、消毒和驅寒祛風的功能。

桓景到家以後，趕緊召集鄉親們，把瘟魔要來的事情告訴了大家。他對鄉親們說：「別擔心，我有辦法對付瘟魔，一定能把這個壞傢伙除掉！」

到了九月初九，桓景按照神仙爺爺的囑咐，分給鄉親們每人一片茱萸葉，讓大家帶在身上；又讓每人喝了一口菊花酒，然後領着大家登上了附近的一座高山。

到了中午，瘟魔爬上了河岸，怪叫着跑進村裏。咦，村子裏怎麼一個人也沒有？

瘟魔四處張望，發現村民們都躲在山上，他狂叫着向山上衝去。

突然，一陣濃郁的茱萸葉和菊花酒的香氣迎面撲來，薰得瘟魔頭暈眼花，一邊哼哼，一邊在原地直打轉。

桓景一看，瘟魔中招了！他趕緊手持青龍寶劍衝下山去，和瘟魔打了起來。

瘟魔根本不是桓景的對手，桓景用青龍劍刺在瘟魔身上劃了好幾道大口子，痛得瘟魔「哇哇」叫。

又打了一會兒，瘟魔傷得更重了。既然打不過桓景，那就趕緊跑吧！瘟魔也顧不上害人了，轉身就想逃跑。

「想逃跑，沒那麼容易！」桓景怒吼一聲，對準瘟魔的後背擲出寶劍，「嗖」的一下就把瘟魔刺死了。

鄉親們見瘟魔死了，都高興極了，他們湧下山來，把桓景圍在中間，紛紛稱讚桓景是為民除害的英雄。

從此，汝河兩岸的百姓再也不會受到瘟疫的傷害了。大家高高興興地工作、生活，又過上了幸福的日子。

後來，每年的農曆九月初九這一天，人們都會舉行登高、插茱萸、喝菊花酒等活動來紀念桓景除掉瘟魔這件事。

因為九月初九又是重陽[注]日，所以人們就把這一天定為「重陽節」。這些重陽節的習俗就一直流傳到現在！

注 重陽：古代把「九」定為「陽數」，九月九日，日、月都是九，所以就叫「重陽」。

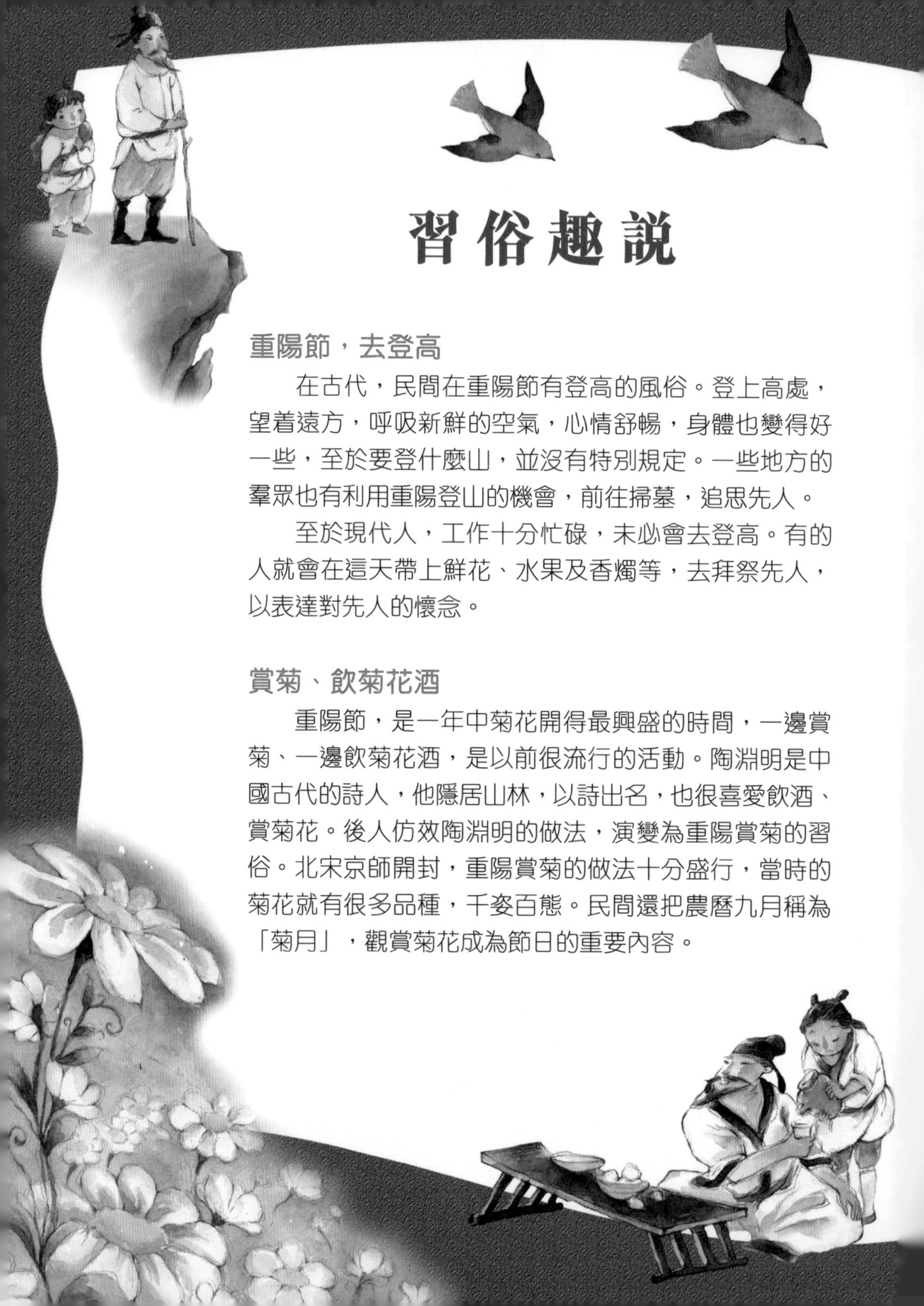

習俗趣說

重陽節，去登高

在古代，民間在重陽節有登高的風俗。登上高處，望着遠方，呼吸新鮮的空氣，心情舒暢，身體也變得好一些，至於要登什麼山，並沒有特別規定。一些地方的羣眾也有利用重陽登山的機會，前往掃墓，追思先人。

至於現代人，工作十分忙碌，未必會去登高。有的人就會在這天帶上鮮花、水果及香燭等，去拜祭先人，以表達對先人的懷念。

賞菊、飲菊花酒

重陽節，是一年中菊花開得最興盛的時間，一邊賞菊、一邊飲菊花酒，是以前很流行的活動。陶淵明是中國古代的詩人，他隱居山林，以詩出名，也很喜愛飲酒、賞菊花。後人仿效陶淵明的做法，演變為重陽賞菊的習俗。北宋京師開封，重陽賞菊的做法十分盛行，當時的菊花就有很多品種，千姿百態。民間還把農曆九月稱為「菊月」，觀賞菊花成為節日的重要內容。